Bao Nakashima

Vom Glück zu sein

BAO NAKASHIMA

Vom Glück zu sein

Große Gedanken eines
kleinen Philosophen

Aus dem Amerikanischen von
Jochen Winter

ullstein leben

Die Originalausgabe erschien 2016 unter dem Titel
Seeing, Knowing, Thinking
im Verlag Sunmark Publishing, Tokio, Japan.

MIX
Papier aus verantwortungsvollen Quellen
FSC® C014496

2. Auflage 2018

Ullstein leben ist ein Verlag der Ullstein Buchverlage GmbH

ISBN 978-3-96366-004-7

Übersetzung: Jochen Winter
Lektorat: Barbara Krause
Illustrationen von Bao Nakashima
Umschlaggestaltung: zero-media.net, München
Gesetzt aus der Minion
Satz: Keller & Keller GbR
Druck und Bindearbeiten:
GGP Media GmbH, Pößneck
Printed in Germany

Vorwort

Dieses Buch, das bin ich.

Kinder sind keine Kinder.
Kinder sind keine Erwachsenen.

Sie sind Philosophen in kleinen Körpern,
mit klaren Augen,
neugierige Köpfe, die sich danach sehnen,
die Welt kennenzulernen,
und Gehirne, die denken.

1

Nie hat jemand mir gesagt,
nicht zu weinen.

»Es ist in Ordnung, zu weinen.
Tränen waschen die Traurigkeit weg.«
Das ist es, was mir immer gesagt wurde.

2

Als ich klein war, brachte meine Mutter
mir bei, dankbar zu sein,
wann immer sie mich badete.

Haare, danke, dass ihr meinen Kopf schützt,
rechte Hand, linke Hand, danke,
dass ihr die Dinge haltet,
die ich halten möchte.
Rechter Fuß, linker Fuß, danke,
dass ihr mich dorthin tragt,
wohin ich gehen möchte.
Herz, danke, dass du ununterbrochen
arbeitest.

Dank meinem Herzen bin ich lebendig,
obwohl mir das meistens
gar nicht bewusst ist.
Es steht nie still, nicht für eine Sekunde.
Sogar jetzt, wann immer ich ein Bad
nehme und meinen Körper wasche,

Sage ich zu mir selbst stets »Danke«.

3

Ich bin traurig.

Es war nur eine kleine Sache, die geschah.
Verschiebe ich aber den Blickwinkel,
kann ihre Bedeutung sich völlig verändern.

Sobald ich meinen neuen Blickwinkel
einnehme, ändert sich die ganze Welt.

4

Ich kann nichts aus eigener Kraft tun.
Das ist meine größte Stärke.
Und die Tatsache, dass ich dies weiß
und um Hilfe bitten kann.

5

Ich wünschte mir, glücklich zu sein.
Aber nur ich dachte, ich sei nicht glücklich.
Mein Wunsch war mir schon gewährt
worden in dem Augenblick,
als ich geboren wurde.
Ich hatte es nur nicht erkannt.

Ich denke, dass jeder
seinen eigenen zauberhaften Strand
im Innern hat.

6

Tu, was immer du magst!
Aber keine Computerspiele.
Was also ist es?

Fang einfach an und such dir aus,
was du magst!
Aber keine Computerspiele.
Was soll das denn heißen?

Tu, was immer du magst!
Aber tu's so, wie deine Mutter es will.
Wie bitte?

Wie wär's, wenn du mir ein bisschen
mehr vertrauen würdest?
Schließlich bin ich *dein* Kind.

7

Einmal war ich traurig, weil mein Freund
mich *baka* nannte,
was im Japanischen so viel bedeutet wie
»dumm«.
Meine Schwester fragte: »Weißt du
eigentlich, wie man *baka* schreibt?«

»Das erste Schriftzeichen bedeutet ›Pferd‹
und das zweite ›Reh‹.«
»Was soll das nun wieder heißen?«
»Gar nichts«, erwiderte sie.

Das Wort *baka* ist
weder gut noch schlecht.
Wörter haben keine Bedeutung.

Ich bin es, der ihnen eine Bedeutung gibt.

8

Die Probleme eines Menschen sind
seine Schätze.
Wir sollten sie ihm nicht wegnehmen.
Denn die Probleme, die zu uns kommen,
sind das, was wir brauchen.

9

Ich weine, weil ich
Aufmerksamkeit möchte.
Aber ich baue Mauern um mich auf.
Weil ich möchte, dass meine Mutter
darüber steigt.

»Komm nicht«, sage ich.
Weil ich Angst habe, dass sie,
wenn ich sie bitte zu kommen,
nicht kommen wird.

Aber sie kommt trotzdem.
Wenn ich meinen Stolz abwerfe,
schenkt sie mir Aufmerksamkeit.

Einige Menschen sprechen von der
anderen Seite der Mauer zu mir.
Sie kommen nicht herüber,
sprechen aber zu mir.
Sie rufen meine Mutter und bitten sie
zu kommen.

Es macht mich glücklich zu wissen,
dass es da draußen solche Menschen gibt.

Menschen weinen,
weil sie Aufmerksamkeit möchten.

10

Die Welt ist gut zu Menschen,
die Mut haben.
Wenn sie Mut haben,
dehnt ihre Welt sich aus.

11

Wenn jeder denkt:
Ich warte, bis andere zuerst klatschen,
wird niemand klatschen.

Man muss den Mut haben,
selbst zu klatschen,
sonst wird niemand es tun.

12

Dinge, die geschehen, haben kein Gewicht.
»Schwer« fühlen sie sich nur für den
Menschen an, dem sie geschehen.
Das ist alles!

13

Meine Mutter sagte zu mir:

»Selbst wenn du den falschen Weg
einschlägst,
kannst du auf dem gleichen Weg
wieder zurückkehren.
Du kannst nach einem neuen Weg suchen.
Es ist sehr einfach.
du musst nur eines tun – erkennen,
dass du einen Fehler gemacht hast.

Und du kannst sogar weiterhin
jenen Weg genießen,
den du für den falschen gehalten hast.«

Das sagte meine Mutter zu mir auf der
Fahrt zu einem fremden Ort,
als sie falsch abgebogen war
und wir völlig die Orientierung verloren.

14

Ich denke, sich weigern,
zur Schule zu gehen, ist ein Talent.
Das Talent, beschließen zu können,
dass ich nicht zur Schule gehen werde.
Das Talent, mir selbst zu vertrauen.

15

Ich gestalte die Welt.
Wenn ich einmal lächle, hält das Lächeln
für immer an.
Ich muss es nur erkennen.
Ich muss nur erkennen, dass ich gestalte.

16

Wenn du dich nicht entschließen kannst,
heißt das: Jede Wahl ist gut.

17

Falls du dich fragst, wie in aller Welt
du etwas machen wirst,
mag das bedeuten, dass jetzt nicht
die Zeit dafür ist.
Wenn alles perfekt läuft,
ehe du überhaupt
darüber nachdenken kannst –
dann ist die Zeit dafür.

Tu, was dir behagt,
und gib auf, was dir missfällt.
Mehr ist nicht nötig.

18

Vertraue zuerst den anderen.
Dann werden sie kommen,
um dir zu vertrauen.
So wirst du zu einem Menschen,
dem Menschen vertrauen.

19

Nichts ist absolut unmöglich.
Ich denke, es ist seltsam zu sagen,
etwas sei unmöglich,
wenn du's nur einmal versucht hast.
Und noch seltsamer, wenn du's
überhaupt nicht versucht hast.
Versuche es wieder und wieder,
und wenn es nicht klappt,
dann ändere deine Taktik.
Wenn du unermüdlich fortfährst,
ist alles absolut möglich.

Fahre damit fort, bis es dir gelingt.
Bis du Erfolg hast.

20

Ich denke, Kinder wissen von Natur aus,
was wichtig ist.

Vom Augenblick meiner Geburt an
wusste ich, wann ich
mich unwohl fühlte.
Und als ich mich unwohl fühlte,
habe ich bestimmt geweint.
Doch irgendwann auf meinem Weg
wurde ich zu einem »guten Jungen«.
Ich wusste nicht mehr, was ich mochte
und was nicht,
und sagte einfach immer wieder das
Gleiche, wie ein Roboter.

21

Ich beschloss, zu experimentieren,
was geschehen würde,
wenn ich nicht esse.
Als ich morgens aufwachte,
war mir nach Weinen zumute.
Also weinte ich.
Mir zitterten die Beine,
und meine Hände waren schwach.
Das war die falsche Art von Experiment!

Ich aß einfach etwas *sukiyaki* und
fühlte mich ein bisschen besser.
Das ist nicht zum Lachen!

22

Obwohl ich voller Selbstvertrauen bin,
gibt Mama doch weiterhin den Ton an.

Wenn sie in Wut gerät, werde ich auf
den Grund der Hölle geschleudert.
Im Nu ändert sich mein ganzes Leben.
Ich fühle mich wie ein begossener Pudel.

Deshalb möchte ich,
dass meine Mutter lächelt.

23

Der Grund meiner Hölle ist eine dunkle
und ein bisschen gespenstische Welt,
wo ich das Gefühl habe, zu sterben.

In meine Decke gehüllt, verstecke ich
mich in einer Ecke meines Zimmers
und ziehe die Knie an die Brust.

Die Wahrheit lautet: Ich kann nicht mehr
auf eigenen Beinen stehen
und warte, dass jemand mich rettet.

24

Ich bin hier.
Das ist alles, was ich brauche,
um glücklich zu sein.

Menschen, die anderen die Wahl
überlassen können, sind erstaunlich.

Es bedeutet, dass sie zufrieden sind,
einfach am Leben zu sein.

25

Wenn Leute mich fragen:
»Was würdest du gerne sein?«,
Sage ich: »Ich möchte ich selbst sein.«

Auf diese Frage gibt es
keine richtige Antwort,
Weil jeder Mensch auf der Welt
er selbst ist.

Um in einer Welt zu leben,
in der es keine richtige Antwort gibt,
muss man den Mut haben, das zu tun,
was man mag.

Schätze deine Intuition.
Sei ehrlich mit dir selbst.
Habe den Mut, das zu tun, was du magst.

Ergreife
die Gelegenheiten,
die sich dir bieten

26

Im Moment bin ich von einer Sache
wirklich begeistert.
Ich denke darüber nach, was das bedeutet.
Doch sobald ich darüber nachdenke,
hat sie eigentlich keine Bedeutung.
Und ich frage mich, ob es notwendig ist,
sie zu tun.

Aber sie muss keine Bedeutung haben.

Sie ist bedeutungslos, und ich bin einfach
begeistert.

27

Ich bin zum Taro Okamoto Memorial
Museum gegangen.
Dort waren viele Worte verstreut,
die ich mochte.
Jene, die ich ausgewählt habe, lauteten:
Du bist nicht imstande, es zu tun,
weil du nicht versuchst, es zu tun.

Am Ende hängt alles einfach von der
Entscheidung ab, es zu *tun*.

28

Bewunderung
kann in Achtung umschlagen
oder in Neid.

Wenn du jemanden achtest,
wird dieser Mensch zu deiner Leitfigur,
und du machst dir zu eigen, was er hat.

Wenn du jemanden beneidest,
ändert das weder, dass dir fehlt, was er hat,
noch, dass du, was er hat,
dir zu eigen machst.

29

Wenn du etwas tausend Mal versuchst
und es dir schließlich gelingt,
kann selbst die kleinste Sache
dein Herz bewegen.

Computerspiele sind Lehrer –
sie bringen mir Dinge bei,
die ich an der Schule nicht lernen kann.

30

Mein Selbstvertrauen gründet sich
auf nichts.
Selbstvertrauen, das auf etwas gründet,
wird einfach verschwinden,
sobald dieses Etwas nicht mehr ist.

31

Ich mag Doraemon,
weil am Ende immer alles gut ausgeht.
Doraemon kommt Nobita immer zu Hilfe,
wenn andere gemein zu ihm sind.

32

Kürzlich habe ich begonnen
darüber nachzudenken,
wie erstaunlich es ist, dass ich
meine Mama und meinen Papa
ausgesucht habe, als ich geboren wurde.
Was für ein Glück!
Diese Wahl muss ich mir reiflich
überlegt haben.

33

Ich sah ein Video über mich.
Ich war ein echter Besserwisser.
Ich konnte sehen, warum Fieslinge
mich piesacken wollten.
Ich war es, der solche Fieslinge
herausgefordert hat.
Ich war es, der solche Angreifer
herbeigerufen hat.

34

Nachts spielt der Mond die Hauptrolle
und spendet uns Licht.
Während des Tages spielt die Sonne
die Hauptrolle und spendet uns Licht.
Beide sind Hauptdarsteller am Himmel.

35

Wenn man jemandem sagt,
er solle nicht selbstsüchtig sein,
fordert man ihn auf,
jemand anderes zu sein.
Wenn ich jemand anderes werde,
bin ich nicht länger ich selbst.
Was würde es bedeuten,
als jemand anderes aufzuwachsen?
Es ist an der Zeit,
dass Menschen dies erkennen.

36

Glaube.
Wenn du glaubst,
wird, was du glaubst, zur Wirklichkeit.

37

»Kinder sollten Erwachsenen gehorchen.«
Ich war schockiert, als mir klar wurde,
dass es Menschen gibt –
und sogar einige Lehrer –, die das sagen.

Ungeachtet der Tatsache, dass wir alle
Menschen sind.

Mach dir keine Mühe,
zwischen den Zeilen
zu lesen

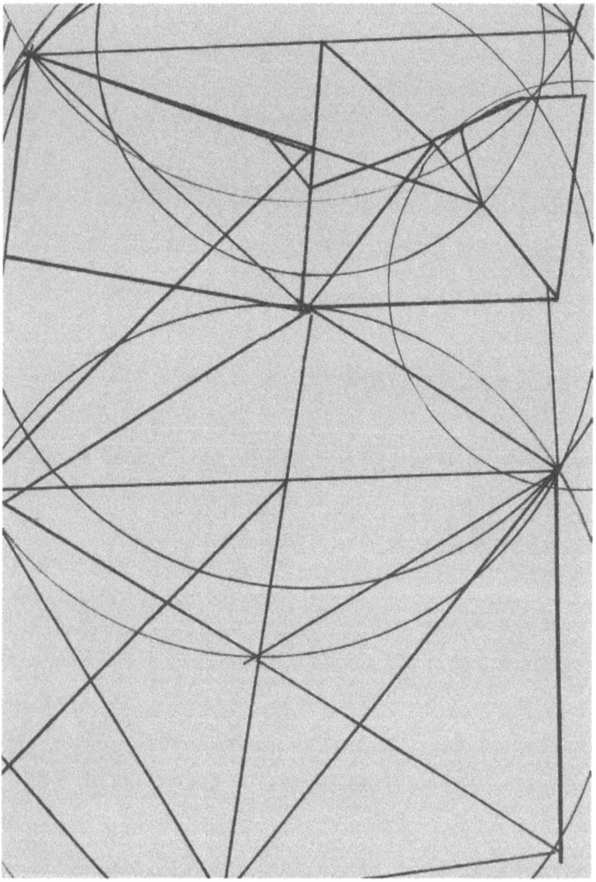

38

Wenn du ein Kind aufforderst,
dies und das zu tun,
wenn du sagst: »Du sollst dies und
das tun, weil du nichts anderes kannst«,
wird es deine Worte
für bare Münze nehmen.
Es wird denken: *Ich kann nur dies*
und das tun.

Sagt ein Elternteil zum anderen:
»Was für ein großartiges Kind!«,
mag die bescheidenere Reaktion lauten:
»Oh nein, nicht wirklich.«
Aber Kinder glauben die Worte,
die ihre Eltern sagen.

Besser ist es, die Größe deines Kindes
anzuerkennen und zu sagen:
»Mein Kind ist erstaunlich.«
Kinder glauben die Worte, die du sagst,
und werden zu dieser Art von Kind.

39

Regen.
Nach einem schweren Regen
wartet ein schöner Regenbogen.

40

Selbst vom gleichen Punkt aus
kannst du eine andere Sicht haben,
wenn du in eine andere Richtung blickst.

41

Gelegenheiten sind überall vorhanden,
der Weg ist offen.
Ich muss nur beschließen, zu handeln.

Sobald sich eine Chance bietet,
öffnet sich mir ein Weg,
und die Welt weitet sich.

Ich werde viele Dinge lernen,
die ich vorher nie kannte.
Wie werde ich leben mit dem,
was ich lerne?
Wie wird es mich leben lassen?
Die aufregende Reise hat
gerade erst begonnen.

Eine Reise, die nie endet –
es sei denn, ich gebe auf.

42

Als ich in die Grundschule kam,
stand ich jeden Morgen auf,
frühstückte und ging zur Schule.
Ich spielte mit meinen Freunden.
Ich kämpfte mit meinen Freunden.
Ich hielt das alles für selbstverständlich.

Als wir nach Tokio umzogen,
wechselte ich in der dritten Klasse
die Schule.
Ich beschloss,
nicht mehr dorthin zu gehen.

Ab und zu dachte ich an meine Freunde
von meiner alten Schule.
Ich fragte mich, wo sie waren und
was sie gerade machten.

Jedes Mal, wenn ich mich an sie erinnerte,
fühlte ich mich einsam.
Ich wollte wieder mit ihnen spielen.

Doch irgendwann im Lauf der Zeit
schloss ich diese Erinnerungen weg.
Der Gedanke an meine alten Freunde
weckte in mir nur das Gefühl der
Einsamkeit.

Ab und zu kamen die Erinnerungen hoch,
und ich war derart traurig,
wollte jeden so dringend sehen,
dass ich weinte und sagte:
»Ich bin einsam.«

Es stimmte mich traurig, dass wir uns
vielleicht nie mehr begegnen.
Doch obwohl ich sie nicht sehen kann,
sind sie nah, in meinem Herzen,
und rufen nach mir.

Auch in weiter Ferne sind sie direkt hier,
in meinem Herzen.
Ich bin nicht allein.
Ich werde geliebt.
Es gibt Dinge, die ich nicht sehen kann,
weil sie zu nah sind.

Menschen, die nah sind, selbst wenn sie in weiter Ferne weilen.

Ich bin nicht allein.

43

Was ist Sterben?
Was geschieht, wenn ein geliebtes Wesen stirbt?
Wir können nicht verstehen, was wir nie erfahren haben.

Was wird mit mir geschehen?

Sterben
ist ein Geheimnis.
Eine Erfahrung, über die man niemandem etwas erzählen kann.

Es gibt Geschichten über das Leben nach dem Tod.

Aber die einzige Tatsache ist,
dass solche Geschichten
erzählt werden von der Person,
die sie erfahren hat.

Wir können unseren eigenen Tod nicht verstehen.

44

Freche Kinder.
Mit anderen Worten: echte Kinder.
Kinder, die ehrlich sind
gegenüber sich selbst.

45

Es gibt so viele Dinge,
die ich nicht weiß.
Auf dieser Erde gibt es eine
unendliche Anzahl von Dingen.
Daher weiß ich nichts.

Ich weiß nichts.
Und weil ich nichts weiß,
kann ich neue Dinge entdecken.
Weil ich nichts weiß, arbeite ich
mit anderen zusammen,
Damit jeder sein Leben leben kann.
Nichts zu wissen ist das größte Gut.

Nichts zu wissen,
das bedeutet: zu wissen,
zu entdecken.

Nichts zu wissen.
Das ist Glück.

46

Es ist eine Tatsache:
Ich wurde meiner Mutter geboren.
Das ist mein größtes Talent.

47

Als ich im Kindergarten war,
zog mein Freund nach Hokkaido um.
Die Landkarte, auf die ich schaute,
war sehr klein.
Als ich die Schule besuchte und von
Flächeneinheiten erfuhr,
verstand ich zum ersten Mal,
wie groß Japan ist –
und wie weit Hokkaido entfernt liegt.
Zum ersten Mal wurde mir klar,
dass es nicht leicht sein würde,
meinen Freund wiederzusehen.
Und ich war traurig.

48

Bei der Schlussfeier in der zweiten Klasse
hielt ich eine Abschiedsrede.
Einige meiner Freunde hatten mir
nicht geglaubt, als ich ihnen sagte:
»Ich werde von hier fortgehen.«
Nun aber glaubten sie es.
»Danke, dass ihr mit mir gespielt habt«,
sagte ich.
Und ich brach vor allen in Tränen aus.

Wie immer ging ich mit den gleichen
Freunden nach Hause
und nahm den gleichen Weg wie immer.
Ich dachte, ich würde sie am
nächsten Tag wiedersehen.
Denn alles war genau wie immer.

Sobald ich an sie denke, möchte ich
sie sehen.
Sobald ich mich an sie erinnere,
möchte ich sie treffen.

Es stimmt.
Man kann jeden Augenblick
nur in diesem Augenblick erfahren.

Man muss das Glück,
die Trauer,
den Schmerz
jedes Augenblicks
in diesem Augenblick erfahren.

Lebe jetzt.

49

Jetzt.
Das Jetzt existiert nicht.
Jetzt.
Sobald ich »Jetzt« sage,
ist es schon vergangen.

Wenn es verschwunden ist,
wird dieses Jetzt
zu dem Jetzt
des vergangenen Augenblicks.
Das ist alles.

50

Unser Bewusstsein ist verbunden
mit der Helligkeit um uns
wie auch mit der Gegend.
Deshalb können wir sehen,
was nicht wirklich da ist.

Diese Kraft,
die Kraft,
unser Vorstellungsvermögen
zu nutzen,
kann uns jederzeit an Orte führen,
wo wir gerne sein möchten,
und uns zeigen, was wir sehen wollen.

51

Ich habe den Wunsch,
mich an vergangene Leben
erinnern zu können.
Was ist Wiedergeburt?

52

Die Welt setzt sich aus Dingen zusammen,
die ich nicht verstehe.

Wie entstand das Universum?
Wie können wir beweisen,
dass der Urknall stattgefunden hat?
Wie haben wir entdeckt,
dass es ein Universum gibt?

Wie haben wir herausgefunden,
dass es eine Sonne gibt?
Wie haben wir die Gestalt
des Universums ergründet?
Warum gibt es einen Mond?
Wie wurden die Worte verfertigt?
Wie haben wir lesen gelernt?
Wie wurde die japanische
Silbenschrift entworfen?
Wie haben wir erkannt,
was Worte bedeuten?
Wie?
Wie?

53

Die Gesellschaft
ist nach den Annahmen
der Leute gestaltet.

Das heißt:
Jeder kann sie gestalten.

54

Letzten Endes kann ich nicht mehr tun,
als ich selbst zu sein.

Ich muss mein Bestes versuchen,
die Dinge zu tun, die nur ich tun kann.

Ich kann nicht jemand anderes sein.
Niemand anderes kann ich sein.

55

Luft.
Sie ist einfach da,
ganz selbstverständlich.
Immer ist sie da.
Wir brauchen sie, um zu leben.
Aber ihr Vorhandensein ist so normal,
dass sie uns selten zu Bewusstsein kommt.

Manchmal erinnere ich mich daran
und bin dankbar.

Danke.

Die Dinge, die zählen,
sind dem Zuhause nah
und dem Auge unsichtbar.

Genauso wie ich mich selbst nicht
sehen kann –
denjenigen, der mir am wertvollsten ist.
Sehen kann ich nur
die Widerspiegelung meiner selbst im Spiegel
oder in den Augen von jemand anderem.

56

Wir müssen es nur erkennen.
Geboren zu werden,
am Leben zu sein,
atmen zu können,
ist wunderbar.
Dessen müssen wir uns nur bewusst werden.

Dann werden wir merken,
wie dumm es war,
unsere Zeit zu vergeuden mit der Suche
nach dem, was wir vermissten.

Statt dauernd nach dem zu suchen,
was uns fehlt,
sollten wir stets dankbar sein für das,
was wir haben.

Ich habe Finger.
Ich habe Beine.
Meine Gelenke beugen sich.
All das ist normal
und doch überhaupt nicht normal.

57

Unter all den Gefühlen, die ich empfinde,
schätze ich eines am meisten:
Mut.

58

Solange ich mich
an einen Menschen erinnere,
ist er immer bei mir.
Selbst wenn wir getrennt sind,
sind wir zusammen.

Trotz der körperlichen Distanz
gibt es keine geistige Distanz.

59

Wenn ich gehe,
verändere ich die Dinge, die ich sehe,
zu all dem, was ich mir im Kopf
gerne vorstelle.
Wahrscheinlich verstehen die Leute
genau das unter »Gedankenspiel«.

Es macht Spaß, einfach zu gehen.
Es ist aufregend.

Bisher hielt ich Gedankenspiele
für schlecht und beängstigend.
Jetzt aber denke ich,
dass sie mehr sind als das.

Gedankenspiel: ein Blumengarten
im Gehirn.

60

Ich dachte über die Bedeutung
des Lebens nach.
Bisher hatte ich immer über
die Zukunft nachgegrübelt.
Das war schmerzlich.
Und ich wollte, dass Mama mir hilft.

Plötzlich kam mir etwas in den Sinn.

Statt darüber nachzugrübeln,
was kommen wird,
sollte ich über das Jetzt nachdenken.
Genieße das Jetzt.
Zerbrich dir nicht den Kopf
über die unerkennbare Zukunft.
Denke über das Jetzt nach.
Genieße jetzt,
lebe jetzt.

Lebe jetzt

61

Anderen helfen.
Anderen helfen macht mich glücklich.
Es befriedigt mein Ego.
Und das ist genau richtig.

62

Ich wurde geboren, um das zu tun,
was nur ich tun kann.
Manche mögen kritisieren, was ich tue,
weil ich ein Kind bin.
Trotzdem tue ich, was nur ich tun kann.

63

Probleme –
sie bringen mir bei, dass ich mir
nicht immer Sorgen mache.

Schreckliche Dinge –
sie bringen mir bei, dass nicht
alle Ereignisse schrecklich sind.

Verzweifelte Augenblicke –
sie bringen mir bei, dass ich nicht
immer verzweifelt bin.

64

Während ich schlafe,
ist mein Körper dennoch tätig.
Selbst wenn ich schlafe,
arbeitet mein Bewusstsein weiter,
zeigt mein Unterbewusstsein
mir Träume.
Selbst wenn ich schlafe,
arbeitet mein Herz.
Selbst wenn ich schlafe,
atme ich.
Mein Körper ist ein harter Arbeiter.
Er ist ein beeindruckend harter Arbeiter.
Mein hart arbeitender Computer.

65

Gerne würde ich dem Kind, das ich war,
das an der Schule schikaniert und
eingeschüchtert wurde, sagen:

Du brauchst nicht zu sterben.
Es ist nicht deine Schuld.
Lass einfach los.

66

Über oder unter jemandem stehen.
Ich will nicht höher stehen,
aber auch nicht tiefer.
Ich will nichts anderes als gleich sein.

67

Ich war wütend, weil ich
gepiesackt wurde.
Mir schien, ich sei wütend auf
die Kinder, die mich piesackten.
Aber dem war nicht so.
Niemandem habe ich
vom Mobbing erzählt.
Ich war wütend auf mich,
weil ich niemandem genug vertraute,
um darüber zu sprechen,
nicht einmal mir selbst.
Hör auf!, dachte ich.
Doch sogar das war eine
Botschaft an mich,
nicht mehr so zu sein.

Erst als ich meiner inneren Stimme
Beachtung schenkte,
nahmen all diese schrecklichen Dinge
ein Ende.
Du kannst dich schützen.

Steh für dich selbst ein.
Wenn du deiner Stimme lauschst,
kannst du gut auf dich aufpassen.

Ganz gleich, was du tust –
wenn du nicht mit Herz
bei der Sache bist,
hat es keinen Sinn.
Ganz gleich, was du sagst –
wenn du nicht mit Herz
bei der Sache bist,
hat es keinen Sinn.
Doch wenn du dein Herz mit einbringst,
wird die Botschaft, die du in dir trägst,
anderen verständlich.

Lege dein ganzes Herz
in das, was du sagst!
Dann wird jeder dir glauben.

69

Erwachsene, die ich für großartig halte,
leben aus sich selbst.
Sie sind wie Kinder.
Wenn sie etwas nicht mögen,
sagen sie es und protestieren lautstark.
Wenn sie glücklich sind,
freuen sie sich wie ein Kind.

Mit anderen Worten:
ich bin genau recht, so wie ich bin.
Wenn ich etwas nicht mag,
sage ich es und protestiere lautstark.
Und wenn ich glücklich bin,
freue ich mich wie ein Kind.

70

Schätze dich selbst.
Nur dann kannst du einen
Anfang machen.

71

Wenn dir eine Sache
beängstigend vorkommt,
heißt das, du solltest sie versuchen.

Würdest du es nicht tun,
wärst du überzeugt:
Ich sollte das nicht tun.

Angst zu haben heißt nicht,
dass du es nicht tun solltest.

72

Nichts ist wichtiger,
als frohgemut zu leben.
Wenn ich fröhlich bin,
brauche ich nichts sonst.

73

Herz.
Du begleitest mich überallhin,
schuftest Tag und Nacht.
Keine Ferien für dich in den nächsten
achtzig oder neunzig Jahren.
Wenn ich schlafe,
erhältst du noch immer Befehle
von deinem Chef, meinem Gehirn.
Und selbst wenn mein Gehirn ausruht,
schlägst du ohne Pause weiter.
Danke, mein Herz.

74

Wo Menschen gehen,
entsteht ein Weg.

Ich gehe dort, wo kein Weg ist.
Wenn ich vorankomme, wird daraus
ein Weg nur für mich.
Ein Weg, den ich beschreiten kann.

75

Menschen leben, indem sie das Leben
von Tieren und Pflanzen empfangen.
Es ist falsch, etwas zu essen,
das man nicht mag.
Wenn man es nicht mag,
braucht man es nicht zu essen.
Was für eine törichte Idee,
es dennoch zu versuchen
und Vorlieben und
Abneigungen auszuschließen.
Wir empfangen Leben. Wir sollten es
mit Dankbarkeit empfangen.

76

Wenn wir das »Nein« erfahren,
werden wir dankbar für Dinge,
die uns als selbstverständlich erschienen.
Wenn wir nicht essen können
und niemanden haben, der für uns kocht,
macht uns das dankbar, essen zu können
und jemanden zu haben,
der für uns kocht.

77

Die Welt in mir
kann neu geschrieben werden.

Die Voraussetzungen dieser Welt
können verändert werden.
Die Voraussetzungen dieser Welt
gestalten meine Welt.
Ich kann diese Welt verändern.
Ich selbst erschaffe die Welt.

»So denke ich.«
Das ist alles.
Denn ich bin es, der die Welt erschafft.

»So denke ich.«
Mit diesem einen Gedanken
wird die Welt erschaffen.

78

Letztlich dient das Leben der Erkenntnis,
dass Gott und Ich eins sind.
Wenn etwas misslingt, dann deshalb,
weil ich nicht als Ich lebe.
Solange ich mein Leben als Ich lebe,
kann nichts misslingen.
So denke ich.

79

Ich denke Folgendes ...

Die Welt eines Kindes.
Im Augenblick der Geburt
ist seine Welt unendlich.
Doch irgendwo unterwegs wird es
eingeschlossen in eine engere Welt.
Das mag durch die Eltern geschehen,
die Schule oder dergleichen.

Wenn die Welt eines Elternteils sich
erweitert,
wächst auch die Welt des Kindes.
Oder wenn das Kind selbst beschließt,
sie größer zu machen.

So oder so ist es gut.
Aber für das Kind ist es leichter,
wenn die Welt des Elternteils sich erweitert.
Dann ist das Leben vergnüglicher
und einfach.
Wie das meine.

Kürzlich lag meine Mama mit hohem
Fieber im Bett.
Es gab nichts, was ich für sie tun konnte,
und das frustrierte mich.
Ich wollte, dass sie wenigstens etwas isst,
also stellte ich ein paar Cracker in ihre
Reichweite.
Aber sie aß nicht.
Am zweiten Abend war ich
wirklich besorgt.
Dann stand sie auf,
zerkleinerte einen Apfel und aß ihn.
Sie hat gegessen!!!, dachte ich.
Meine Mama tat genau das, was ich mir
sehnlichst wünschte.

Und ich war glücklich.
Einfach maßlos glücklich.

Jetzt weiß ich, was sie meint, wenn sie sagt:
»Es genügt mir, dass du am Leben bist.«

Als ich heute Morgen aufstand,
war ihr Fieber ein wenig gesunken.
Seit sie krank wurde, habe ich sie
nicht mehr lächeln sehen
oder lachen.
Ich bin glücklich.
Jetzt weiß ich, warum.

Dieses Jahr besteht mein
Weihnachtsgeschenk
in der Tatsache, dass meine Mama
am Leben ist, dass sie lächelt.

Es genügt, dass jemand, den ich liebe,
am Leben ist und lächelt.
Jetzt weiß ich es.

Alles, was ich je besitze,
ist das Heute.
Alles, was ich je besitze,
ist das Jetzt.

82

Ich bin jetzt zehn Jahre alt.
Selbst in diesem Alter kann ich noch
eine Menge Fehler machen.

83

Ich denke, dass
ich meine Zukunft kenne,
obwohl ich sie nicht begreife.
Deshalb vertraue ich meiner Intuition.

Erkenne dich selbst

Als ich mich zwang, zur Schule zu gehen,
obwohl ich nicht wollte,
war ich zwar lebendig, im Grunde
aber tot.
Immer wieder überhörte ich
meine innere Stimme
und brachte mich langsam um.

Gerne würde ich
in die Vergangenheit zurückkehren,
um dem Jungen, der ich damals war,
zu sagen:

»Du kannst wieder ins Leben finden.
Ich weiß, dass du es schaffst.
Deine Zukunft hat es bereits geschafft.«

85

Lehrer bringen uns Dinge bei,
die sie gehört haben
oder die in einem Fachbuch
geschrieben stehen.
Sie teilen uns nicht mit,
was sie erfahren haben.
Also ist das, was sie sagen,
vielleicht nicht wahr.

Ich aber möchte lernen,
was wahr ist.

86

Erwachsene werden alt.
Und wir werden eine Zukunft erleben,
von der sie nicht einmal
träumen können.

Daher ist es mein Wunsch,
dass Kinder und Erwachsene
etwas gemeinsam erschaffen.

87

Ich darf mein Geld ausgeben,
wie ich will.
So nehme ich es an lustige Orte mit.

»Bis später«, sage ich –
und schicke es auf den Weg
mit Frohsinn, mit Dankbarkeit.

Das Geld und ich, wir treiben uns
gern miteinander herum.

88

Aus der Sicht mancher Leute bin ich
nur einer von vielen.
Aus der Sicht anderer Leute bin ich
eine einzigartige und kostbare Person.
Aus meiner Sicht bin ich das einzige Ich.
Die wertvollste Person.

89

Ein Mensch, immer wieder
zurechtgestutzt, wird geschärft.
Er verfügt über eine Persönlichkeit.
Ist das nicht großartig?

Du willst deine Oberfläche glätten
und der sein, der du vorher warst?
Welchen Sinn hätte es,
zur Unschärfe zurückzukehren?
Wer seine scharfen Kanten
eingebüßt hat, ist bloß eine Maschine.

Mach das Beste aus diesen
Besonderheiten. Konzentriere dich darauf.
Mach das Beste aus deinen Talenten.

90

Ich bin froh, dass Mama Mama ist.

Mama bereitet allein das Abendessen zu,
damit ich meine Freiheit habe.
und sie teilt, was sie gekocht hat,
mit mir.

Mama lebt für sich,
sodass ich für mich leben kann.

Ich liebe sie nicht, weil sie meine Mama ist.
Ich liebe die Person namens Yayoi Iwakiri.

Ich wurde ihr geboren,
weil ich sie liebe.

91

Worte sind die Welt.
Und ich bin die Welt.

92

Der Ort, wo ich hingehöre,
das bin ich.

Nachwort

Am Anfang wollte ich ein Buch
schreiben als Geschenk an mich selbst
in der Vergangenheit, als ich
mancherlei Leid erfahren musste.
Ich begann mit dem Schreiben
im Alter von neun Jahren
und setzte es eineinhalb Jahre fort.
Schließlich wurde dieses Buch ein
Geschenk an mein zukünftiges Ich.
Ein Buch schreiben heißt: die eigene
Person kennenzulernen.
Man lernt, sich selbst zu betrachten,
genauer zu erkennen,
was einem durch den Kopf geht,
und darüber nachzudenken,
warum dem so ist.

Wenn auch nur ein Mensch in
meinem Leben gefehlt hätte,
wäre dieses Buch niemals entstanden.

Die Arbeit an einem Buch setzt voraus,
dass man aufrichtig ist
gegenüber seinen Gefühlen.
So möchte ich mein Leben leben.
Und es war dieser Gedanke,
der mich veranlasste,
das vorliegende Buch zu schreiben.

Herzlichen Dank,
dass Sie es gelesen haben.

Bao Nakashima

Notiz des Verlegers

Am 29. November 2014 tauchte unerwartet folgende Nachricht in meinem Facebook-Account auf:

Hi! Ich bin 9 Jahre alt. Statt zur Schule zu gehen, nehme ich Unterricht zu Hause, treffe Menschen, die ich mag, und lerne von ihnen! Ich lerne, was ich möchte, und vor allem lerne ich, was mich am meisten interessiert.

Meine Mutter ist zwei Mal geschieden. Als wir einmal 4 Monate voneinander getrennt waren, wollte ich sterben und dachte, ich sei zu nichts nütze.

Aber ich habe meine Einstellung geändert, und jetzt bin ich sehr selbstbewusst und genieße das Leben.

Ich möchte über meine Erfahrungen ein Buch schreiben. Wären Sie bereit, anzuhören, was ich zu sagen habe?

*090-****-**** (Das ist die Telefonnummer meiner Mutter).*

Bao Nakashima

Wer in aller Welt ist dieser Mensch?, dachte ich. Ist er wirklich neun Jahre alt?

Ich suchte nach seinem Namen im Internet und fand ein Foto. Kurz darauf beantwortete ich die Nachricht und rief am nächsten Tag die Nummer seiner Mutter an. »Es tut mir sehr leid«, sagte sie. »Mein Sohn hat Ihnen ohne mein Wissen eine Nachricht geschickt. Erst als ich Ihre Antwort erhielt, wurde mir bewusst, dass er einen Verlag kontaktiert hatte.«

Einige Tage später erschien Bao zusammen mit seiner Mutter in meinem Büro. »Ich möchte ein Buch schreiben«, sagte er, werde mir aber nicht ins Gesicht sehen.

»Warum beginnst du also nicht damit, mir über Facebook Nachrichten zu schicken?«, schlug ich vor. »Du kannst schreiben, was du willst.« Obwohl ich ihm dies sagte, hätte ich mir nie vorstellen können, dass aus seinen Aufzeichnungen tatsächlich ein Buch entstehen würde. Doch je mehr Nachrichten wir austauschten, desto überzeugter war ich, dass seine Worte es verdienten, publiziert zu werden. Warum? Weil sie mich unzählige Male dazu brachten, erstaunt innezuhalten.

Die Texte dieses Buches sind genau so abgedruckt, wie Bao selbst sie geschrieben hat. Außer der Berichtigung von Rechtschreibfehlern, der Überarbeitung der Interpunktion und der Veränderung des Zeilenfalls wusste ich als Herausgeber nichts hinzuzufügen. Wohlgemerkt, in den Manuskripten erwachsener Autoren nehme ich normalerweise viele Änderungen vor.

Es ist meine Hoffnung, dass dieses Buch von Menschen jeden Alters gelesen wird.

Tomohiro Takahashi